U0158103

地震探秘小博士

（插绘版）

中 国 地 震 局　指导

中国灾害防御协会　　组织编写

地震出版社

图书在版编目（CIP）数据

地震探秘小博士：插绘版 / 中国灾害防御协会组织编写 . -- 北京：地震出版社，2023.2（2024.4重印）

ISBN 978-7-5028-5537-6

Ⅰ．①地… Ⅱ．①中… Ⅲ．①地震灾害—灾害防治—少儿读物 Ⅳ．① P315.9-49

中国国家版本馆 CIP 数据核字（2023）第 021657 号

地震版 XM 5760/ P（6362）

地震探秘小博士（插绘版）

中国地震局　指导

中国灾害防御协会　组织编写

责任编辑：李肖寅

责任校对：凌　樱

出版发行：**地 震 出 版 社**

北京市海淀区民族大学南路 9 号　　　　邮编：100081

发行部：68423031　　　　　　　　传真：68467991

总编办：68462709　68423029

http://seismologicalpress.com

E-mail：dz_press@163.com

经销：全国各地新华书店

印刷：河北文盛印刷有限公司

版（印）次：2023 年 2 月第一版　2024 年 4 月第二次印刷

开本：710×1000　1/16

字数：48 千字

印张：3.5

书号：ISBN 978-7-5028-5537-6

定价：18.00 元

前 言

　　地震往往带给人们惨痛的记忆，在校青少年学生在突如其来的灾难中死亡、失踪或跳楼伤残的情景更给人们带来很深的心理创伤。如何保障生命安全已然成为一项重大课题，除了在硬件方面修建抗震性能良好的房屋之外，开展面向广大青少年学生的防灾教育，培养"生存能力"迫在眉睫。

　　灾难发生时，"第一响应者"能否在第一时间采取正确的行为，往往决定着他们在灾难中能否生存。最典型的例子如四川安县桑枣中学，紧邻2008年汶川8.0级大地震最为惨烈的北川，校长在震前组织加固改造教学楼，多次进行演练，震时2200多名学生、上百名老师1分36秒全部逃离教学楼，创造了没有一人在地震中受伤或者遇难的奇迹。这一奇迹，归功于深具防灾意识与避险技能的"史上最牛校长"——叶志平。

　　着眼于未来，防患于未然。为帮助即将担负起未来重任的青少年了解掌握必要的防震知识与避震技能，达到"具备保护自己生命的手段；了解灾害发生的原理；掌握应对灾害的方法；清楚自己所在地区的地理环境"四个目标，我们编写了地震探秘丛书。

《地震探秘小博士(插绘版)》从地震奥秘探源、地震诞生记、学做小小地震学家、防震避震小常识四个方面讲述了防灾减灾知识和技能，内容严谨，通俗易懂，简明扼要，图文并茂，生动活泼，注重实践性、实用性和趣味性，富有情趣，贴近小学生的生活和学习，适合小学生的兴趣和理解能力，可作为小学生地震安全教育的教材，也可作为小学生的自学参考书，或作为课外阅读材料使用。

学生安全，事关家庭幸福、社会和谐、国家稳定和民族未来。让我们携起手来，共同努力，帮助广大小学生全面提升防灾减灾意识，掌握必要的防震避震技能，平安、健康、幸福地成长。

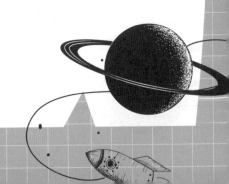

目 录

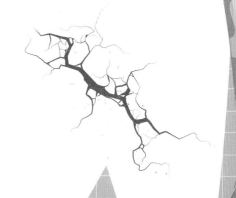

第一章
地震奥秘探源

地球躺在太阳系的摇篮里

银 河 系

在浩瀚辽阔的银河系中，居住着太阳系与上千亿颗恒星。太阳是太阳系家族的"大家长"，虽然已经年近50亿岁，却正值壮年。太阳的身体里蕴藏着无数能量，并一直在爆发，今后会变得更大更明亮。

太阳给了地球孕育生命所必要的光和热，它却是个脾气不太好的家伙。由于表面温度很高，当它发脾气时就会爆发出许多能量，这就是太阳风暴。小部分太阳风暴会到达地球，可能会为地球带来巨大的灾难。

太阳

太阳风暴

科学家研究发现：太阳风暴千里迢迢来到地球后，变身成为一个搞破坏的"捣蛋鬼"。比如它会伤害我们的身体，扰乱电视和电话的信号；更可怕的是，它还喜欢在地球的磁性上作怪。要知道，地球和磁铁一样，有自己的"磁性"，这种磁性一旦被破坏，就可能诱发地震。

不过，太阳发脾气不一定会百分之百引发地震，因此它并不是引发地震的罪魁祸首，只算是个火上浇油的家伙。

太阳周围有"八兄弟"在绕着它旋转，分别是水星、金星、地球、火星、木星、土星、天王星和海王星。这八兄弟和睦相处，在各自的轨道上有序地运转着，彼此之间遥遥相望。

海王星

天王星

土星

木星

火星

地球

金星

水星

如果按照与太阳的距离来给这八大行星排序，地球排行老三。地球的位置绝佳，这里接受太阳传来的光照和温度都刚刚好，因此地球既不像海王星那样冷，也不像金星那样热。就这样，地球安然地躺在太阳系的摇篮里，享受着太阳的温暖，养育着人类和其他动植物。

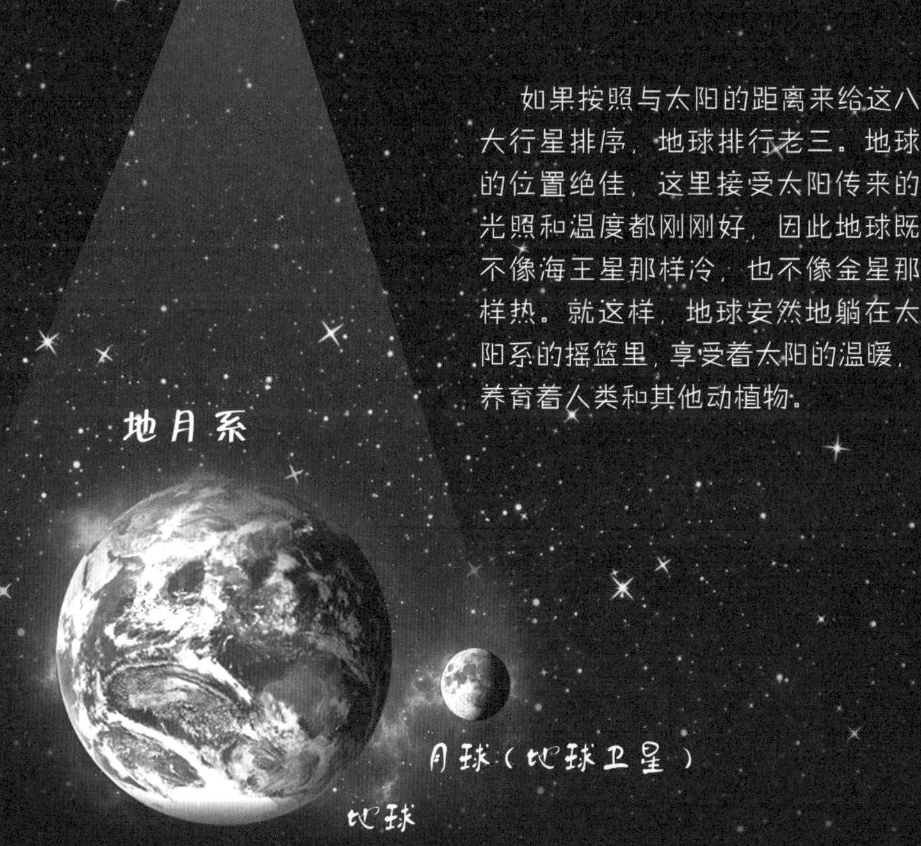

地月系

月球（地球卫星）

地球

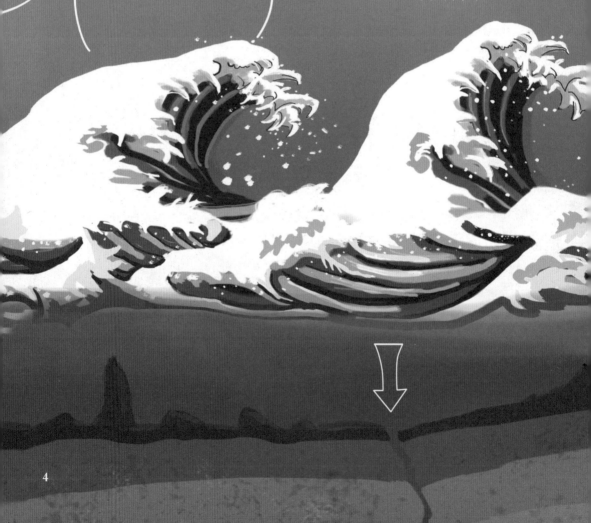

月球围着地球转：神奇的地月运动

生活在太阳系大集体中，同伴的运动会对地球产生许多影响，月球便是其中之一。它好似地球的"妹妹"，每天围绕在"哥哥"周围转个不停。

地球和月球是相互绕地月中心共同旋转的——这个中心在地球内部，所以看起来月球是绕地球公转的。

月球是自转的，自转和公转的方向是一致的，都是自西向东。自转和公转的周期都是27天多一点——也就是大约阴历的一个月，因此，月球始终以同一面朝向着地球。

月球本身并不发光，只反射太阳光。月球亮度随日月间角距离和地月间距离的改变而变化，满月时的亮度比上下弦月时的亮度要大十多倍。

月球到地球的距离大约相当于地球到太阳的距离的1/400，所以，从地球上看月球和太阳一样大。

月球绕着地球公转的同时，其特殊引力吸引着地球上的水，同其共同运动，形成了潮汐。潮汐为地球早期水生生物走向陆地，帮了很大的忙。

当月球到达离地球近处（称为近地点）时，朔望大潮就比平时还要更大，这时的大潮被称为近地点朔望大潮。

科学家已经就潮汐对地震的影响猜测和争论了很长的时间，但是目前还没有达成共识。

以日本学者为代表的观点认为：月球的引力只有导致地震的使地壳发生异常变化的作用力的千分之一左右，但它的作用是不可小视的，它是地震发生的最后助力，相当于压死骆驼的最后一根稻草。

以美国地质调查局科学家为代表的观点则认为，在地球发生8级或者更大的地

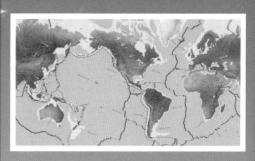

月球地质全图

震时候，没有证据表明这些大地震的发生受到地球相对于月球，或太阳的影响。但是月球和太阳确实造成了地球的潮汐应力，这个是存在的，对于地震的作用不存在。

2019年1月3日10点26分，由中国发射的"嫦娥四号"探测器在月球背面东经177.6度、南纬45.5度附近的预选着陆区成功着陆，世界第一张近距离拍摄的月背影像图通过"鹊桥"中继星传回地球，揭开了古老月背的神秘面纱。

地球是个"大号鸡蛋"

古代，人们把地震认为是鬼神妖魔在作怪。其实，地震和风、雨、雷电一样是正常的自然现象。想知道地震的秘密吗？先来看看地球内部是什么样子的。

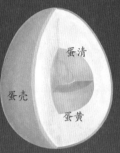

如果我们使劲挤压一个生鸡蛋，鸡蛋壳就会被挤碎，随后蛋清会从壳里渗出来。其实地球的结构就像是一个大号的鸡蛋，当地震产生巨

鸡蛋切面图　　　地球内部结构切面图

大的作用力时，我们脚下的大地就会像鸡蛋壳一样产生类似碎裂的现象。

鸡蛋分为蛋壳、蛋清、蛋黄三层，地球的内部结构也是类似的。

地球最外面的"蛋壳"叫作地壳，就是我们双脚直接接触的大地。地球的"蛋清"是地质学家们所说的地幔。

根据地震波探测，地幔主要是由固态物质组成的。它还可以分为上地幔和下地幔两个次级圈层。上地

幔上部存在一个软流圈，软流圈物质已接近熔融的临界状态，因此它成为岩浆的重要发源地。

地核是地球的核心部分，位于地球的最内部。根据地震波的变化情况，发现地核也有外核、内核之别。一般认为，外核由熔融态或近于液态的物质组成；内核是固态的。

地球的外衣：岩石圈

地震时，地球内部会发生很多变化。我们最直接的感觉是大地在颤抖，有时还能看到地面裂开大缝。这些变化都发生在地球的外衣——岩石圈上。

岩石圈是地球上部相对于软流圈而言的坚硬的岩石圈层，厚约

60-120千米。一般认为，岩石圈包括地壳和地幔上层。

地壳是地球固体地表构造的最外圈层，由岩石组成。构成地壳的岩石由三大家族组成，分别是岩浆岩、沉积岩和变质岩。

那么，它们是如何形成的呢？

别看地球这个"大鸡蛋"平时很安静，但是有一些"蛋清"总想冲破"蛋壳"的束缚。成功冲破束缚的"蛋清"叫岩浆，它们从"蛋壳"中渗出来后，发现外面比地下凉多了，于是原本滚烫的岩浆就慢慢冷却、凝固，变成地球上最原始岩石——岩浆岩。

岩浆岩的身体虽然比原来坚硬了许多，但是也经不住风吹日晒，时间长了，岩浆岩身上就会出现小细纹、小裂缝，有时还会脱落一些小碎屑。调皮的风或者磅礴的雨都会把这些小碎屑带到另外的地方。风和雨玩累了，就会把它们丢在不知名的角落里，时间长了，碎屑伙伴积少成多，而且被压实，它们便抱在一起，组成了岩石圈第二大家族——沉积岩。

随着岁月的流逝，岩石圈两大家族岩浆岩和沉积岩经过地壳运动或岩浆侵入作用所发生的高温和高压与热液的影响，原来岩石的结构或组织可能会发生改变，成为另外一种与原岩不同的岩石，这就是岩石圈的第三大家族——变质岩。

这三大岩石家族给地球披了一件坚硬的外衣，一起保护着地球。虽然它们会在自然作用下被侵蚀，但它们不会在风吹日晒中磨损消失，因为还会有很多耐不住寂寞的岩浆从地球的"蛋壳"下冲出来，不断地为岩石圈家族补充"后备力量"。

坚硬的岩石圈下面是地震学家一直在探索的地方。他们发现地震波每当到达这里，就好像不开心一样，传播的速度特别慢。这里的结构很复杂，位于地面以下很深的地方，地震学家勘察地震时，总是被搞得一头雾水。

冰川

火山

碎屑颗粒在湖泊中沉积

岩浆喷出，形成岩浆岩

河流侵蚀谷底，将碎屑带向下游

三角洲

岩浆熔化固岩

温度和压力使沉积岩变成变质岩

沉积物被压实，形成沉积岩层

大地一刻不停在运动

如果驾驶宇宙飞船从外太空俯瞰地球，你会发现地球是个蓝色的椭圆形球体。飞得近一点儿，才发现地球上真是千姿百态：浩瀚渺茫的大海，一马平川的平原，连绵起伏的山脉，像脸盆一样的盆地，还有像伤疤一样的裂谷……

是不是存在着一双神奇的大手，将地球雕刻得如此千姿百态？没错，这些都是地壳运动的功劳。

地壳是不是大部分时间都在沉睡？不是的，你别看地球表面的岩石总是安安静静地躺在那里，一声不吭，其实地球从内到外，时时刻刻都在运动。比如地幔中的岩浆，它们是居住在地壳楼下的邻居，因为家里温度高，所以经常膨胀和流动，这就给楼上的地壳造成了很大的压力。另外，与地球遥遥相望的太空伙伴——太阳和月亮，带给地球一股引力。同时，地球的自转也会产生内部的能量。

冰川

裂谷   盆地

海洋

俯冲带

地幔中的对流层

所有这些力量联合起来，可把地壳折腾得不轻，它们会使地壳的形状发生变化，一旦积累的能量突然释放，就会发生地震。不过，地震也不是只会摧毁房屋，它还能够使小山长个儿，变成更雄伟的山峰；也能让平地下陷，积水后形成美丽的湖泊。

运动的地壳在塑造地球的过程中还有一个好伙伴，它就是火山。

记得我们说过的岩浆吗？岩浆在地壳下面热得受不了，就会从地壳下面喷涌而出，这种景象我们经常在电视上看到，也就是火山喷发。火山喷发时喷出的大量火山灰和火山气体，对气候造成极大的影响。因为在这种情况下，昏暗的白昼和狂风暴雨，甚至泥浆雨都会困扰当地居民长达数月之久。有人认为，火山喷发产生的气体可能是过去5.45亿年间包括恐龙在内的大量物种灭绝的原因。

岩浆和火山灰就是火山用来塑造地形的材料。它们中的大部分都会留在火山周围，堆积成山峰或者岛屿。就这样，火山帮助地壳塑造了地球的外貌。

原

火 山

海 洋

地幔热柱

减速带

会"较劲"的地球板块

有人在世界第一高峰——珠穆朗玛峰上捡起一块岩石，竟然发现里面有4000多万年前海洋动物的化石，这就是说，在很久以前，这里可能曾经是一片汪洋。

为什么原本是海洋的地方，多年后会变成山峰？

珠穆朗玛峰的岩石中有4000多万年前海洋动物的化石

原来，地球身上坚硬的岩石外衣并不像鸡蛋壳那样完整，而是四分五裂的。把地球外衣撕破的元凶之一，就是地震。它把地球的外衣撕扯成了六块碎片，爱美的地球只能披着这六块大"补丁"遮羞了。

人们给这六块地球"补丁"取了名字，分别是印度洋板块、太平洋板块、南极洲板块、亚欧板块、美洲板块和非洲板块。

因为想念对方，又或者闹点儿小别扭，这六块"补丁"有时会靠近，有时会疏离。不过它们运动的速度非常缓慢，但是经过漫长的时间，这些"补丁"有时也会撞在一起。

地球的六块"补丁"

当地球的板块撞在一起时，地面上的人仿佛坐在碰碰车上，人车一起颠簸晃动，这就是地震。

除了会引发地震，板块之间还会"较劲"，它们使劲抵着对方。

于是，有的陆地就在板块的"较劲"中慢慢升高，变成小岛或高山，珠穆朗玛峰所在的喜马拉雅山脉就是这样形成的。

褶皱记录地壳运动的足迹

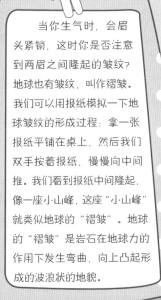

当你生气时，会眉头紧锁，这时你是否注意到两眉之间隆起的皱纹？地球也有皱纹，叫作褶皱。我们可以用报纸模拟一下地球皱纹的形成过程：拿一张报纸平铺在桌上，然后我们双手按着报纸，慢慢向中间推。我们看到报纸中间隆起，像一座"小山峰"，这座"小山峰"就类似地球的"褶皱"。地球的"褶皱"是岩石在地球力的作用下发生弯曲，向上凸起形成的波浪状的地貌。

从一马平川到凸起的褶皱

在褶皱下面，有时会藏着一些断裂的岩石层，这样的地方可能就会经常发生地震。比如美国加利福尼亚科林加和亚美尼亚地区就地处断掉的岩层上，因此在1983年和1988年，这两个地方分别发生了一次大地震。

当然，褶皱并不是只向上凸起，有的也会向下凹，还有的既不上凸，也不下凹，而是凸向旁侧。喜马拉雅山脉、阿尔卑斯山脉、科迪勒拉山脉等都是世界上有名的大褶皱山脉。随着岁月的流逝，它们成为一个个历史的见证者，默默记录着地壳运动的足迹。

地球的"外衣"被撕破了

地壳运动就像蜗牛爬树一样，是一个长久的过程。不过，你也不要小瞧它，在运动过程中它不停地积蓄力量，等到这股力量超过了岩石能够忍受的强度时，地球的"小宇宙"就会爆发。这就好像油炸馒头时，随着温度的上升，馒头内部的压力开始逐渐变大，到最后难以承受时，馒头中间就会裂开一条缝隙。

向上的作用力

向下的作用力

当地球的"外衣"被撕破，岩石发生断裂时，就会发生地震。这种地震的威力特别大，破坏的范围也非常广，而且世界上发生的所有地震中，十之八九都是因为岩石的断裂而产生的。

除了引发地震，岩石断裂也会为地球塑造出一些新的容貌。断裂错开后的岩层，会像楼梯一样，上下错开，上升的一侧会形成山脉或者悬崖，例如我国的阿尔金山、祁连山脉等；下落的部分则形成谷地或盆地，例如我国的渭河谷地。盆地是流水的最爱，当越来越多的流水在盆地里面聚集，就很容易形成湖泊。

断层和活断层

地壳岩层因受力达到一定强度而发生破裂，并沿破裂面有明显相对移动的构造称为断层。地震往往是由断层活动引起的，地震又可能产生新的断层。所以，地震与断层的关系十分密切。

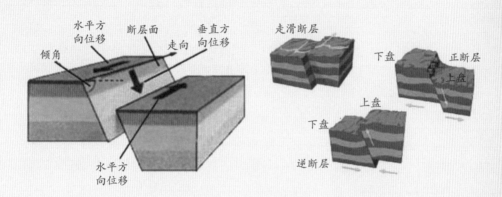

岩石发生相对位移的破裂面称为断层面。根据有断层面两盘运动方式的不同，大致可分为正断层（上盘相对下滑）、逆断层（上盘相对上冲）和走滑断层（又称平移断层，两盘沿断层走向相对水平错动）三种基本类型。还可正断或逆断与走滑组合，形成不同类型的断层。

与地震发生关系最为密切的，是在现代构造环境下曾有活动的那些断层，即第四纪以来、尤其是距今10万年来有过活动，今后仍可能活动的断层。这种断层通常被称为"活断层"。

发生在陆地上的断层错动，是造成灾害性地震最主要的原因，它所引发的地震叫作大陆地震。我国发生的地震，就属于大陆地震。

第二章
地震诞生记

真有地震妖怪吗

过去，人们相信地震与神和妖怪的活动有关。于是，地震在世界各地均被涂上了神秘的色彩。

中国有一个古老的传说：一条鳌鱼居住在大地下面，它身形巨大，大部分时间不动弹，但有时来了兴致会翻一下身，这一翻身可不得了，整个大地都跟着抖动起来。

日本是一个地震频发的国家，每当地震来临，人们就说：住在地下的大鲶鱼不开心了！生气的鲶鱼会摆动尾巴，每摆动一下，大地就颤动一下。

在中国台湾的传说中，认为地底下有一头"大地牛"，平常它在睡觉，但当它翻身的时候，牵动大地震动，就会发生地震。

16

北美的印第安人则相信大地被安放在一只大乌龟的背上。乌龟蹒跚地爬行时，大地就会晃动。

古代印度人认为有一只大海龟背上驮着头硕大无比的大象，大象身上背着大地，只要大象一动弹，就会地震。

住在新西兰的毛利人认为地震是神在发泄怒气。传说地震之神的母亲在给他喂奶时把他压在大地下面，从此，疯狂的地震之神就拼命地甩动四肢，大声咆哮，甚至喷射火焰，于是，人间便有了地震和火山。

　　这些传说反映了古代人探索和了解地震的迫切愿望。现在，我们对地震有了相对深入的认识，诸如此类的传说也就显得十分荒诞了。

17

构造地震——拉紧的皮筋

地震是一种经常发生的自然现象，是地壳运动的一种特殊表现形式，一般可以分为构造地震、火山地震、陷落地震和诱发地震。目前世界上90%以上的地震属于构造地震。多数构造地震发生在地壳的岩石层内，也有的发生在上地幔的顶部，构造地震多是强烈的。那么它是怎样发生的呢？

沿断层带滑动

断层

造成地震 震中（震源的正上方）

震波

（从震中向四周辐射）

震源深度

震源

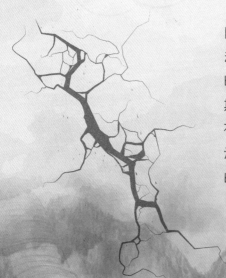

如果岩层断裂，地质结构改变了，会产生巨大的能量，地壳（或岩石圈）就会在构造运动中发生形变，当变形超出了岩石的承受能力时，岩石就会发生断裂错动，在构造运动中长期积累的能量因此得以迅速释放，从而造成岩石振动，也就形成了地震。这就好比我们在生活中了解的常识：一根拉紧的橡皮筋会有强大的反弹力一样。

18

大的水库也不安分

人类的一些建设活动有时也会引发地震，比如建造大型水库。

当水库里的水装满时，位于水库下面的地壳压力就会变大，而且水坝蓄积的水量一般很多，这些水顺着地壳裂缝施加的压力会比正常情况下大得多。当不移动的地壳被水库里的水压得时间长了，会觉得不舒服，脾气渐渐变差，因此会越来越不稳定，说不定哪天就会引发地震。

单纯因为水库蓄水引发的地震大部分都很微弱，很多时候我们是感觉不到的，但也有个别的震级超过6级。

1967年，印度发生了6.5级地震。这次地震就是由印度柯伊纳大坝蓄水引发的。

广东省河源市新丰江水库于1959年蓄水之后，地震活动性显著增强，1962年诱发了6.1级地震。

第二章 地震诞生记

地震爱上火山的暴脾气

夹在岩层中的岩浆就像是个"受气包"，在地壳运动中被挤来挤去。由于地壳运动，地球的外衣被撕破，地下的岩层产生裂缝，藏在地下的岩浆沿着裂缝嘶吼着冲出地壳表面，继而形成了火山喷发。

火山和地震是亲密的伙伴，火山爆发可能会伴随地震；地震时，如果具备一定条件，火山也可能会喷出岩浆凑个热闹。

火山喷发的一刹那，熔岩冲出地壳，发生爆炸，吓得周围的大地浑身颤抖，这就是火山地震。火山地震来势迅猛，但波及范围不广，危害程度相对较小·。

由于中国历史上有过喷发记录的火山大都分布在偏远地区，因此，很多人容易产生一种错误印象：中国不存在活火山，也不存在火山灾害危险。

实际上，中国新生代火山活动频频发生，一直没有停息过。从中新世到更新世的2000多万年的地质历史中，中国，尤其是东北地区的火山喷发强度，并不亚于日本。近代中国也曾发生过多次不同规模的火山活动，目前还存在着上百座可能再次喷发的活火山。

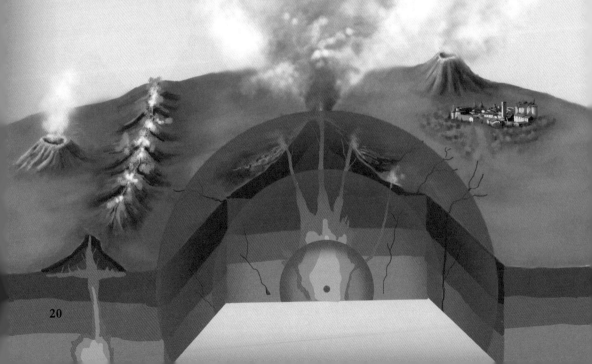

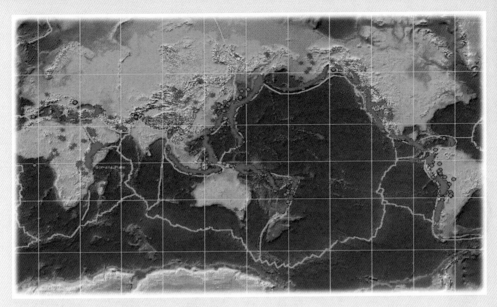

全球火山带的分布（★：火山）

世界上最大的火山地震带位于环太平洋地区，那里聚集了五百多座活火山，占世界火山总数的五分之四。这一地震带将太平洋包围在其中，足足有4万千米，这个长度甚至超过了地球赤道的长度。地球上的地震大多发生在这里，而且一个比一个强烈。

今天的火山地震数量其实已经大大减少，远古时期的火山地震要比现在频繁得多。当时地球很年轻，重量比现在轻得多，外面也没有大气层"面纱"的保护，所以宇宙中的很多天体携带着大量的水和冰，憋足了劲儿撞进"蛋清"——地幔中，然后在地幔中一住就是上千年。随着地球自身的运动，这些冰和水也逐渐朝地面移动。当它们汇聚了足够的能量，就会选择一个合适的地方变成气体，喷涌而出，这也是火山地震的一种爆发途径。

当前，我国最危险的火山为吉林长白山火山，具有极大的喷发危险性。据记载，长白山天池火山分别在1413、1597、1668、1702和1903年发生过5次不同规模的喷发活动，它目前处于休眠状态。

进入二十一世纪，地震光顾的次数越来越多，大家都在怀疑，难道地球把自己调到了"振动模式"？其实这是因为环太平洋地震带已经进入了活跃期，地震还会不定时地造访。

不容忽视的陷落地震

森林中，我们经常会发现有些树木外表看起来很结实，其实里面的枝干已经被虫子蛀空了，这种外强中干的情况也发生在部分岩石中。

大地看起来很结实，用身体支撑着几十亿地球人。事实上，有些岩石如石灰岩，并没有看起来那么坚强，尤其是藏在地底下的一些岩石，它们早已被地下水溶解、溶蚀，形成地下岩洞。除了地下水会"挖洞"外，人类为了开采地下的矿产资源，也会开挖地下的岩层。

岩石被地下水溶解的地方会生出一片地下岩洞

无论是哪种情况，地下被挖空都不是好事。当地下被挖空，而地面上的压力又过重时，下面的岩石支撑不住，就会发生岩洞塌陷或者地层下陷，这种情况还会引发一定范围的地震，叫作陷落地震。

与火山地震等自然地震相比，陷落地震发生的次数很少。世界上100次地震中，只有3次左右是陷落地震。陷落地震多发生在离地面很近的地方，规模不大，危害范围小，却也不容忽视。若是陷落地上方刚好有人居住，很多人就可能因此失去生命。

岩洞上有许多房屋，需警惕陷落地震发生

板块兄弟闹矛盾：板间地震与板内地震

我们已经知道，地球的外衣被撕成了六块大"补丁"（和一些小·补丁），这些"补丁"就是板块。每个板块都像钢板一样坚硬，但板块和板块相接的地方却有些柔软。

当两个板块在一起待久了，就会闹些矛盾。此时，它们身上都努着一股劲儿，互不相让。如果有一天板块兄弟打起架来，交界处会瞬间滑动，这时人类可就遭殃了，因为地震来了。

板间地震

板块兄弟之间的矛盾引发的地震叫作板间地震，这样的地震发生在板块交界处，因此比较集中。板块交界处是地震很爱溜达的地方，也就是所谓的地震带。这里发生的地震威力大小不一，有的只带来轻微震感，有的却带来巨大破坏。

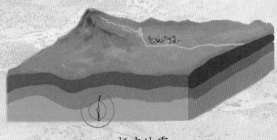

板内地震

还有一种地震叫板内地震，这是由于板块自己有时候也有点儿"小·情绪"，也就是它自己内部发生了断裂活动。虽然板内地震的威力比不上板间地震，但由于板块上方正是人们生存居住的地方，因此板内地震更容易给人类带来巨大危害。

23

地震引发的海啸

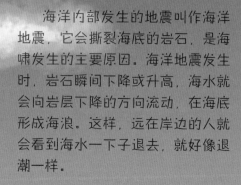

在泰国南素林岛的渔民中，流传着这样一句话："当你在沙滩上看到很多奇怪的鱼类时，这意味着将要发生海啸。"

这个口头传下来的"古训"，使南素林岛渔村的181位村民在2004年末的东南亚大海啸中逃过一劫。事实上，这类流传下来的关于海啸的古老经验，是有一定科学依据的。

海洋内部发生的地震叫作海洋地震，它会撕裂海底的岩石，是海啸发生的主要原因。海洋地震发生时，岩石瞬间下降或升高，海水就会向岩层下降的方向流动，在海底形成海浪。这样，远在岸边的人就会看到海水一下子退去，就好像退潮一样。

海水退去，那些平时生活在深海里的鱼就会被海底巨大的暗涌卷上沙滩，这就是海啸来临的前北。

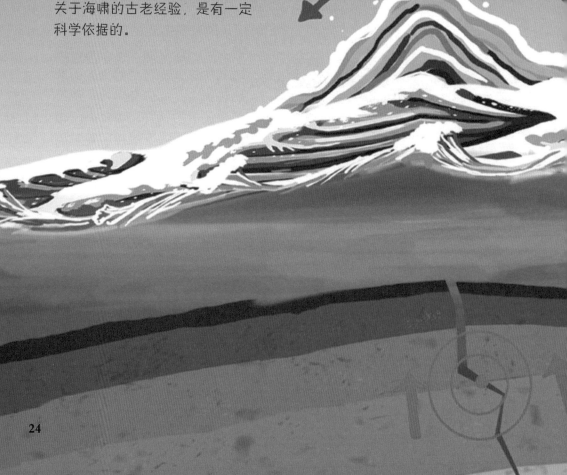

海啸来临前兆

呼啸而来的海浪看起来像一堵"水墙"

　　不一会儿，海水形成一个又一个巨大的海浪，这些海浪足足有十层楼高，远远看去就像一道高大的"水墙"。这些水墙向岸边迅猛扑来，速度与民航客机速度相近。"水墙"破坏力巨大，冲到哪儿，哪儿就会变成一片废墟。

　　不过，并不是所有的地震都会引起海啸。如果海水不够深，震级不够大或没有合适的地形，就不会发生海啸。

大地母亲"开口"了——地裂缝

地面断裂一定与地震有关吗？告诉你，地裂缝并不一定都与地震相关，常见的地裂缝，可能是由土壤的膨胀、干旱、湿陷和融冻等原因产生的。

地裂缝其实是一种很常见的自然现象，它们长相各不相同，形成原因也多种多样。地球内部的地壳运动、岩浆作用等产生的力量能把大地撕出一条条裂痕，也可以在地球身上造成一道道口子。

那些和地震有关的地裂缝，出现在地球孕育地震的过程中。就像母亲孕育宝宝一样，孩子在妈妈肚子里慢慢长大，会调皮地动来动去，妈妈的肚子也会一鼓一鼓的。当地震的能量在地下慢慢积蓄，并且变得越来越大时，它就会在地球母亲身上瞬间产生地裂缝。

地震发生时在地面产生的裂缝，叫作地震地表破裂带。它可能在地表地层比较松散的地方安营，也可能在比较结实的基底岩石中扎寨。

1976 年 7 月 28 日，河北省唐山地区先后发生了 7.8 级和 7.1 级地震。震区所在的滦河冲积扇形平原上出现了大规模的喷砂冒水现象，造成了人民生命财产的重大损失。

2008 年 5 月 12 日四川汶川 8.0 级地震在龙门山山前地区造成大量的砂土液化和喷砂冒水等现象，很多喷砂冒水的高度超过了 2 米。

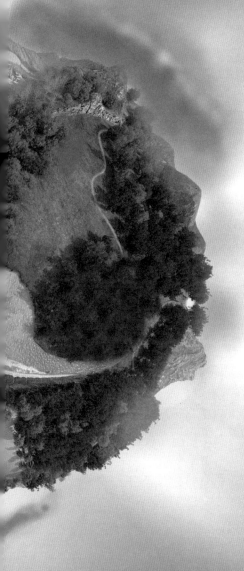

喷砂冒水是在中强以上地震发生时经常出现的一种现象，在平原，尤其是河边低洼的地方更为多见。这是因为在大地不断运动的过程中，砂和水被一层层地埋藏在地下，地震时，它们受到强烈振动形成液化现象，于是就冲破地表喷了出来。

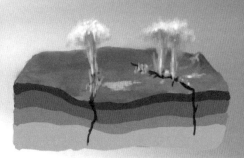

冒水

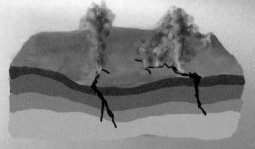

喷砂

称霸地球的三大地震带

地震就像一个潜伏在地下的"魔鬼"，来势汹汹，一旦发起脾气，便会在几分钟甚至几秒钟内，给人类带来巨大损失。目前，全世界主要有三大地震带，分别是环太平洋地震带、欧亚地震带和海岭地震带。这三处是地壳运动最活跃的地方，也是地球板块交界处，因此是地震发生最频繁的地方。

庞贝古城火山爆发

环太平洋地震带"包揽"了地球上绝大多数的地震，全世界80%的地震发生在这里，而且一个比一个强烈。这个地震带环绕太平洋一周，它从加拿大西部出发，经过美国的加利福尼亚、墨西哥地区、南美洲的智利、秘鲁，菲律宾、印度尼西亚、中国台湾、日本列岛、阿留申群岛，最后到达美国的阿拉斯加。从地图上看，它的形状就像一个马蹄。那里聚集了五百多座活火山，占世界火山总数的五分之四。

欧亚地震带地跨欧、亚、非三大洲，它还有一个别名，叫地中海 - 喜马拉雅地震带。可见，它从地中海经希腊，一直延伸到中国的西藏，然后向太平洋和阿尔卑斯山靠近。全世界15%的地震在这一区域发生。

海岭地震带分布在印度洋、大西洋、太平洋中的海底山脉（海岭）。这里多是中小地震的"聚集地"。

传说中的亚特兰蒂斯因地震陷入海底

1900 年以来全球 7 级以上地震分布图
全球地震主要沿两大地震带,即环太平洋地震带(图中绿色线)和欧亚地
震带(图中黄色线)分布。全球超过 80% 的 7 级以上地震发生在这两大地
震带上

中国哪里最爱震动

地震带是地震经常"聚集"的场所，它主要位于板块相接的地方。地球上两个相邻的板块就像两个矛盾重重的"冤家"，一旦互看不顺眼，就会"动动筋骨"，发生"拳脚之战"。此时，两个板块会不顾一切地迎面相撞，引起强烈的地震。

我国的位置正好处于太平洋板块和欧亚板块之间，因此会受到环太平洋地震带的影响。与此同时，地跨欧、亚、非三大洲的欧亚地震带也在我国境内穿过。因此，我国是一个地震灾害频发国。

我国地震主要集中在四个地区，包括东南部的台湾和福建沿海，华北的内蒙古、山西、河北和京津地区、山东，西南青藏高原和它边缘的四川、重庆、云南，西北的新疆、甘肃、青海和宁夏、陕西。

在最近100年的时间里，我国共发生了近900次6级以上的地震。也就是说，全球发生在大陆的大地震中，有三分之一发生在我国。这给我国带来了极大危害，全球因地震失去生命的人中，有一半是中国人。

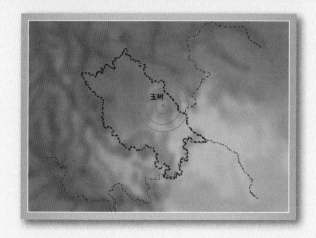

2010 年 4 月 14 日，青海玉树发生两次地震，最高震级 7.1 级，引发泥石流灾害现象，造成重大人员伤亡和财产损失。

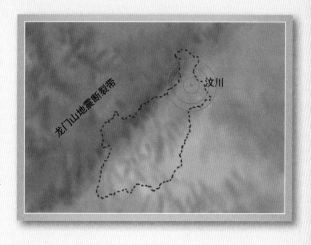

2008 年 5 月 12 日，四川汶川 8.0 级大地震，发生在龙门山断裂带的中南段，造成重大人员伤亡和财产损失。

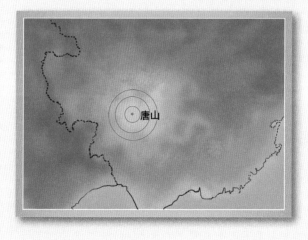

1976 年 7 月 28 日，河北唐山发生 7.8 级强烈地震，造成重大人员伤亡和财产损失。

第三章
学做小小地震科学家

地震藏得有多深

我们已经知道，地震是因为地壳发生了变化，比如岩石受到的压力太大而断裂了。岩层断裂会引起振动，这个振动的地方被地质学家们称为震源，它一般藏在地下一定深度的地方。

地面上正对着震源的位置就是震中。如果我们把地面上的震中和地下的震源用一根直线连起来，这条线的长度就叫作震源深度，它表示震源藏得有多深。

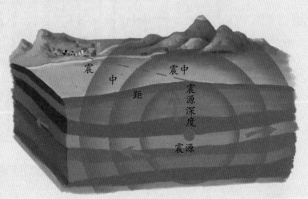

震源、震中示意图

震源藏得越深，我们就越不容易感受到地震，因为它离我们站立的地球表面太远了；但如果震源藏得浅，离地球表面近，就会给地面造成更强烈的震动，破坏性就较大。因此，凡是造成重大破坏的地震，全都属于浅源地震。

浅源地震是指震源藏在地下60千米之内的地震，深源地震则是指震源深度超过300千米的地震。到目前为止，科学家们发现藏得最深的震源躲在地下700多千米的地方。

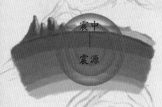

浅源地震
小于60千米

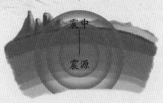

中源地震
60～300千米

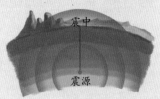

深源地震
大于300千米

地震离你有多远

　　如果听到某地发生了7级地震，你是不是觉得整个地震区域受到了同样程度的破坏？其实不然。同样大小的地震，那些距离震中越近的地方被地震破坏得越严重。

　　我们怎样表示地震中心离我们有多远呢？如果从我们站的地方牵一条长长的直线连接震中的话，这条直线的长度叫作"震中距"。线的长度越长，说明我们站的地方离震中越远，受地震影响的程度越小；相反，线的长度越短，受影响就越大。

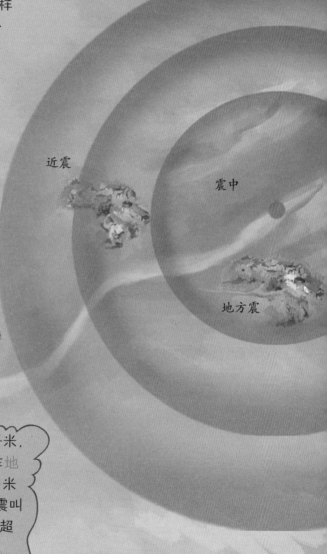

近震

震中

远震

地方震

　　有时震中离我们不到100千米，这个距离内发生的地震叫作地方震；如果震中距在100千米至1000千米范围内，这样的地震叫作近震；远震则是指震中距超过1000千米的地震。

这是多大的地震

地震来了，有时只是房间里的家具摇摇晃晃动了几下，还有时是大桥坍塌，有时是大地出现了一条裂缝，甚至整个城市被夷为平地。

地震的大小用震级表示。地震愈大，震级数字也愈大。根据地震仪器的记录计算，1976 年的唐山大地震震级是 7.8 级；2008 年的汶川大地震震级是 8.0 级。

那么，地震震级是如何划分的呢？威力有多大呢？

一般来说，科学家会根据地震释放的能量判断地震的大小，能量释放得越多，地震的级别就会越高。我们用灯光来打比方吧，不同的震级相当于不同亮度的灯泡，亮度越大，发出的光和热就越多，同理，震级越大的地震产生的能量越大。

我们来做这样一个比较，如果把美国 1945 年投在日本广岛的原子弹释放的能量用震级表示为 5.5 级，那么，我国唐山的 7.8 级大地震，就相当于 1000 多颗这种原子弹爆炸所产生的能量。

微震	1级≤震级＜3级的地震
小[地]震	3级≤震级＜4.5级的地震
中[地]震	4.5级≤震级＜6级的地震
强[地]震	6级≤震级＜7级的地震
大[地]震	震级≥7级的地震
特大地震	震级≥8级的大地震

地震让城市"毁容"

"烈度"是指地震的破坏程度。破坏程度越高的地震，它的烈度越大。唐山地震、汶川地震震中区都达到了ⅩⅠ度破坏。

那么，我们怎样判断地震烈度的强弱呢？通常，我们只需要观察地震后房子和地面的"毁容"程度就可以确定了。这是一种在没有地震测量仪器的情况下简单判断地震烈度的方法。

如果家里的吊灯乱晃，你觉得地震的烈度值达到了多少？让我们一起来看看中国的地震烈度表就知道了。

Ⅰ度：仪器能记录到，人没有感觉。

Ⅱ度：绝大部分人几乎无感，室内个别静止中的人有感觉，个别较高楼层中的人有感觉。

Ⅲ度：室内少数静止中的人有感觉，较高楼层中的人有明显感觉。悬挂物轻微摇摆。

Ⅳ度：室内多数人、室外少数人有感觉，少数人梦中惊醒。悬挂物明显摆动，器皿作响。

Ⅴ度：室内绝大多数、室外多数人有感觉，多数人梦中惊醒，少数人惊逃户外。悬挂物大幅度晃动，门窗、屋顶、屋架颤动作响。

Ⅵ度：多数人站立不稳，多数人惊逃户外。轻家具和物品移动或翻倒。出现喷砂冒水现象。

Ⅶ度：大多数人惊逃户外，骑自行车者和行驶中的汽车驾乘人员有感觉。物体从架上掉落或翻倒。常见喷砂冒水现象，松软土地上地裂缝较多。少数建筑轻微破坏。

Ⅷ度：多数人感觉摇晃颠簸，行走困难。除重家具外，室内物品普遍倾倒。少量出现地裂缝，喷砂冒水现象严重。多数建筑中等破坏。

Ⅸ度：行走的人摔倒。室内物品普遍倾倒。多处出现地裂缝，可见基岩裂缝、错动，常见滑坡、塌方。多数建筑严重破坏。

Ⅹ度：骑自行车的人会摔倒，人会摔离原地、有抛起感。出现山崩和地表断裂现象。大多数建筑毁坏。

ⅩⅠ度：地表断裂延续很长，大量山崩、滑坡。绝大多数建筑毁坏。

ⅩⅡ度：地面剧烈变化，山河改观。绝大多数建筑毁灭。

对照上面的内容，你是不是已经知道吊灯晃动的地震烈度相当于几度了？

奔跑在地球内部的地震波

地震发生时，岩石会产生一股剧烈的波动，这如同我们朝池塘里扔了一颗石子，受到撞击的水面会以石子为中心，瞬间荡出一圈圈漂亮的水波。地震发生时也会有这样的波纹，它们从震源处向地表慢慢传开。

这种波纹是如何形成的呢？

平时我们看到的水波是一圈圈地向外荡去，但其实水并非向外流，而是在原地上下跳动，它旁边的水因此受到干扰，也跟着一起上下跳动。就这样，越来越多的水加入了这场运动，仿佛接力赛一般，于是我们就看到了一圈圈水波。

地震也是同样的道理。地壳板块运动时，一处岩石开始错动，随之带动旁边的岩石也开始快速错动，从而引起从地下直到地面的岩石一起振动，我们便感觉到了大地的颤动和摇晃。这种震动最终也会产生水波一样的波纹，我们叫它地震波。可惜，人们没有办法像观察水波那样直接看到深藏在地球中的地震波，只能通过专业设备来测量。

地震波在介质改变时会有不同的传递速度，并在交界面上产生折射、反射，这些特性被用来了解地球的内部构造。

我们关于地球内部的大部分知识都来源于地震勘探的研究，科学家通过记录和"倾听"来自地球内部振动的声音（地震波），来判断地球内部的结构和状态。

1909年，奥地利地震学家莫霍洛维奇在研究一次地震时发现，地震波在到达欧洲大陆地下35千米处时，传播速度突然加快，说明该深度处的上下物质在成分或状态上有改变，这个深度就是上下两种物质的分界面，即不连续面。根据分析，1910年莫霍洛维奇提出地球有内外层之分，即我们所说的地幔和地壳，而地壳与地幔的分界面也就是后来所称的"莫霍洛维奇不连续面"（莫霍面）。

1914年，德国地震学家古登堡根据地震纵波的"影区"确认了地核的存在，并测定了地幔和地核之间的不连续面，即后来所称的"古登堡不连续面"（古登堡面），其深度约为2900千米。

地震时为什么先上下颠，后左右晃

地震来时，为什么我们会先感觉上下颠，接着感觉大地左右摇晃呢？原来，地震波家庭里有两个兄弟，它们是纵波和横波。纵波往往朝上或朝下跑，横波通常向左右两边跑。由于纵波跑的速度快，提前到达地面，因此人们就会感觉到地面在上下颠；过不了几秒钟，横波也赶来了，人们这才感觉到左右摇晃。所以，每当地震来临时，我们会感觉"先颠后晃"。

与人一样，科学家的地震仪器也是先探测到跑在前面的纵波，这时它就会发出地震警报信号，让人在横波到达前对地震做出反应。

所以，当你感觉到大地上下颠簸的时候，如果可能就要尽快到空旷或安全的地方避震，因为这表示更具威力和破坏力的地震大部队就要到了。等横波一到，地面的运动会更加强烈，人们就像是站在风浪中的帆船上一样，摇来晃去无法站稳，甚至摔倒。

纵波

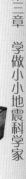

横波和纵波统称为体波。此外，地震波家族里还有一个叫面波的"复杂成员"，它虽是体波在地表衍生的次生波，却对建筑物的破坏最为强烈。

横波

面波

地震多久来一回

每年地球上发生的地震超过 500 万次。不过，大部分地震规模都很小，又或者离我们很远，所以我们感觉不到。能够造成房屋毁坏的地震，每年大概有十几次。那么，地震发生有什么规律呢？

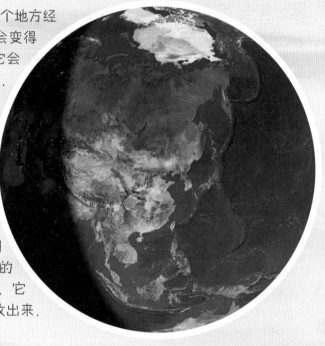

地震有时候很活泼，在一个地方经常爆发，过了这段时间，它会变得很安静。又过了一段时间，它会再次出现，变得活跃。就这样，它会频繁打扰人们。地震的这种一会儿活跃、一会儿安静的特点，叫作地震周期性。

睡眠能让大脑和身体尽情地休息，以便第二天我们能够更好地学习和玩耍。地震安静时也是这样，它虽然闲下来，但同时也在为下一次的爆发积累着能量。时间一到，它就会将身体内积累的能量释放出来，爆发它的"小宇宙"。

地震多久来一回？具体的时间说不准，有些科学家研究认为，它一定会重复出现，通常大概周期是上千年到数千年，远远大于人类的寿命。

另外，一些大地震来临前，会先派许多小地震前来探路，之后一段时间，这里便回归平静。千万不要被这种平静的假象迷惑，其实，大地震很可能紧跟着它们，正在赶来的路上。

精干的地震作战部队

地震可不是一个喜欢单打独斗的家伙，它们靠的是团队合作。这就像是一支打仗的军队，先派几个士兵来探路，确定目标后主战大部队才出现，最后的小部队扫荡残余。

地震中的前震就是探路兵，发生在主震前，是一些规模比较小的地震。之后，威力最大的主震登场了。主震时，大量的能量从地下冲出来。主震结束后，这些能量还没有释放完全，憋在身体里是一件不舒服的事情，于是地球还要继续释放能量，所以负责扫荡残余的余震就会不断光临。在主震离开后的当天、1周内、1个月内、1年到数十年甚至上百年内，都有可能出现余震。

不过也有一些地震不是以"部队"的形式作战，它们不需要前震，也没有余震，只是一个主震就完成了任务。

1976年，河北唐山发生了7.8级大地震，15小时之后发生了滦县7.1级地震，4个月后又发生了宁河6.9级地震。唐山地震中没有前震来探路，但是后继的余震却在这里"扫荡"了很长时间。在唐山地震发生后的30多年里，一直有余震在活动。

探路兵

前震

主战部队

主震

后备小部队

余震

第四章
防震避震小常识

全家人一起制定家庭地震应急预案

你可以通过在家中进行"地震安全隐患排查"来寻找地震中的潜在危险。要逐一巡视家中的房间，设想地震时房中将会发生什么情况。用你的常识来进行预测、找出安全隐患。一些可能的安全隐患包括：

书架等又高大又笨重的家具在地震中可能会倒塌。

热水器可能会从墙壁和管道上脱离并碎裂。

煤气管道或电线可能会被破坏。

挂在床上方较重的相框或镜子可能会掉下来……

请设法逐个排除这些安全隐患——妥善安置各种重物，一定要调整不适当的摆放。

全家人一起制定家庭地震应急预案，明确安全的躲避地点和逃生线路，分配每个家庭成员震时的应急任务，以防手忙脚乱，耽误宝贵时间。

确定避震地点和疏散路线，事先要实际体验，确保做到畅通无阻。约定遇到突发事件无法一起撤离的情况下，全家人汇集的地点。

确定逃生疏散路线

务必使每个家庭成员都了解家庭集合处。确定紧急状态时的家庭成员集合处，包括家中发生意外时可去的屋外安全地点。比如，当地震发生时，去社区广场、公园或应急避难场所。当意外发生后难以到达上述地点时，确定可去的其他交通便捷地。

落实防火措施，准备必要的家庭消防器材；家中易燃物品要妥善保管；学习必要的防火、灭火知识。

每年至少进行一次全体家庭成员参加的家庭应急演习。

做好学校的防震应急准备

要了解学校附近有没有政府规划建设的地震应急避难场所，及其出入口、水源、食品、公厕等位置，了解途经哪些道路、高楼，便于地震时能够迅速且安全地进入应急避难场所。

要经常参加学校召开的防震主题班会，学习防震避震知识，开展逃生演练。积极参加学校和社区组织的避震演练、疏散演练、救护演练等。

为了有效应对突发地震，尽量减少灾害损失，做好学校的防震准备工作是非常重要的。

教室内的桌椅摆放与窗户、外墙应保持一定距离，以免外墙倒塌伤人；教室内要留出一定的通道，便于紧急撤离；年幼体弱、有残疾的同学，应安排在方便避震或能迅速撤离的方位；地震多发地区，最好能加固课桌、讲台，便于藏身避震；在平时，要定期检查和加固教室内的悬挂物；接到政府关于可能发生地震的预报时，要在门窗玻璃上贴防震胶带，防止玻璃震碎伤人。

一旦突然发生破坏性地震，所有的学生都应该知道如何立即在附近采取科学有效的避震措施，待地震暂时平息后，在教师的统一指挥下，迅速有序地撤离到室外安全地带。

是躲还是跑

遭遇地震，究竟应该如何应对？

如果你感觉到地面轻微的晃动，那么在教室一层的你要迅速跑到外面空旷的场地上；如果感觉到强烈的晃动，周围的物品都乒乒乓乓地掉落，墙也摇晃得厉害，这时候反倒一定不要往外跑，因为此时逃跑很容易因踏空而摔伤，或者被倒塌的外墙体掩埋。此刻要做的是，找到距离最近的安全地点躲避，等震动停下的时候再往外跑。

这只是在地震发生时我们采取的应急方式，在地震发生前，我们也要从各个方面做好准备，尤其是住在地震多发区的人们。

○应对地震小常识○

1. 楼道或者门口不要堆放杂物。这两个地方是我们的逃生之路，要保持通畅。

2. 不要住在建筑不牢固的房子里。

3. 如果有条件的话，把家里个头比较高的家具或者物品固定住，以免地震发生时倒下砸伤我们。

4. 地震来时如已无法往外跑，迅速躲到结实的家具旁边，如结实的书桌和床。

5. 家里的物品摆放也要讲究。轻的东西放上面，重的放下面。容易燃烧和爆炸的东西要放到安全的地方，有毒的东西也要妥善放置。挂在墙上的装饰物或者玩具要取下来，以免地震摇晃时掉落砸伤我们。

6. 平时可以准备一个包，里面放上如毯子、饼干、饮用水等，然后把它放在容易拿取的地方。地震发生时，我们可以迅速带走这些物资，以保障地震结束后能满足基本的生活所需。

在室内躲在哪里才安全

地震发生时，在室内一定要避开悬挂风扇或灯具的地方，不要跳楼，不要到窗户、阳台附近。厕所和厨房等狭小的空间，是相对安全的地方。

地震发生时，如果你正在家里，地面晃动得不厉害，千万要保持冷静，迅速跑到室外空旷的地方避震；如果地面颠簸站不稳的话，要想办法躲到结实的家具旁边或者承重墙内墙角。

如果你正在教室里上课，位于一层教室的老师和同学们要迅速跑到室外空旷安全场地。如教室位于二层及以上，要听从老师的指挥，抱住头、闭上眼睛，躲到结实的桌子下面，而且要背对窗户，以免被破碎的窗户划伤；如果地震来时你正在一层走廊课间休息，要迅速往教学楼外跑，不要拥挤，以免摔倒被踩伤。

在其他公共场合同样要保持镇静，按照工作人员的安排撤离，避开人流，不要乱挤乱拥。

要是你正在逛商场或者坐地铁，首先抱住头，选择结实的柜台、柱子或者墙角蹲下，远离玻璃柜台或者门窗，远离高大又很容易倒塌的货架，远离广告牌和商场天花板上的悬挂物。

如果你正在乘坐公交车，司机会马上停车，乘客要等到地震过后再下车。为了防止摔伤，乘客要紧紧地抓牢汽车上的扶手，躲到座位旁边。

不管在哪里，记得不要去乘坐电梯，因为地震可能破坏电路，我们会因此被困在电梯中。

在室外怎样躲避地震

地震来时，如果你正在马路上或者街边，请远离高大的建（构）筑物，如立交桥、过街天桥等。

远离高高悬挂的危险物，如广告牌、电线杆和路灯等。

选择空旷的场地躲避，如广场、草坪。

我们平时要经常参加应急疏散演练活动，知道怎样安全地到达避难场所，知道安全的行为是什么，掌握避险和自救、互教的技能。

如果你正在野外游玩，要远离山脚和陡崖，以免被滚落的石头砸伤，或者遭遇泥石流、滑坡等灾难。

万一遇到山崩或者滑坡，这时石头是往山下方向滚落的，逃生的方向要和石头滚落的方向垂直，就像一个十字。

地震还会引发火灾。如果你在室外被包围在一片火场中，要把已经被烧着的衣物脱掉，或者躺在地上打滚，扑灭火苗，记得不要试图用手去扑火苗，以免你的双手被烧伤。

保护好自己最重要

如果在地震中被埋住，应该怎么办呢？这时候要尽量保持镇静，改善周围的环境，保护好自己，然后想办法脱离危险。

1.救援者告诉我们，在地震中大喊大叫绝不是明智的举动，因为这样很多烟尘会被吸入肺中，被呛到很难受，甚至会窒息而亡。

地震中保持镇定很重要，要坚信救援人员一定能够找到自己，在听到救援人员呼喊之前不要乱喊叫，否则只会浪费体力。仔细观察周围是否有人，如果听到外面有声音，你可以呼喊，或者用石头敲击墙壁传达求救信息。看周围有没有亮光传来，分析自己从哪个地方可能会脱离危险。

2.保护好自己最重要。搜索身边有没有食物和水，记得要节约食用。如果没有水，在非常特殊的情况下，可以用尿液解渴。

如果被倒塌的建筑物砸伤，尽量不要活动，用衣服等给自己包扎止血，以免感染伤口。不要乱动压在废墟中的水或电路，不要点火，避免发生危险。

3.观察周围的情况，为自己清理出一片相对安全的空间。先把双手从废墟中抽出来，保持呼吸顺畅，把压在脸和胸部上的杂物挪开。如果被压在一些倒塌物的下面，试着把压在身上的东西搬开，搬的时候要先试探，防止引来进一步的倒塌。如果身体上方有一些残破的建筑块体，试着用砖头、石块或者木棍将它们支撑住，余震再来的话，能够减少它们再次坍塌的可能。

4.如果遇到室内火灾，用湿毛巾或衣服把嘴巴和鼻子捂上，同时趴在地上。因为烟雾是往上跑的，趴在地上能最大限度地避免吸入烟雾。